EXTRAIT DU BULLETIN DE LA SOCIÉTÉ D'ACCLIMATATION.
(N° de mars 1872.)

ÉTUDE GÉNÉRALE

SUR LA

VÉGÉTATION DANS LE NORD DE LA CHINE

ET SON IMPORTANCE

au point de vue de la question de l'acclimatation,

Par M. MARTIN

Médecin de la légation de France à Pékin.

Parmi les documents scientifiques que je me suis efforcé de rassembler pendant mon séjour dans le nord de la Chine, se trouvent quelques notes pratiques ou qui m'ont paru ne pas trop s'écarter de l'ordre d'idées dont s'occupe plus spécialement votre Société. Ce sont ces humbles notes que je soumets en partie à la Société, et à la lecture desquelles je donnerai suite dans les autres séances, si je n'ai pas abusé aujourd'hui de vos instants.

En Mongolie, l'abbé David a rencontré des silex taillés en forme de haches et de pointes de flèche.

Au nord-est de la Chine s'étend un immense dépôt uni ou plaine, qui comprend toute la province du Tcheli, le Kiannang, l'est du Honan, le nord du Shan-tong, le nord-est du Hou-kouang et une faible portion du Kiansi. C'est environ la douzième partie du territoire de l'empire. Je ne prétends pas donner ici une délimitation précise, mais simplement une indication basée sur les recherches des rares géologues qui ont entrepris des explorations sérieuses; car, bien que quelques voyageurs aient essayé de tracer les limites de cette plaine, il est douteux, en raison même des divergences, qu'elles aient un caractère de rigueur scientifique suffisant. La formation géologique du continent asiatique a une importance considérable : il y a peu de points du globe où le géologue puisse la rencontrer aussi nettement accusée. Cependant, jusqu'ici, les études sont restées incomplètes et les théories discutables. La délimitation fournie par Pumpelli, de la Société Smithsonienne, sur la formation alluviale, est peu d'accord avec les observations postérieures et récentes du baron de Richtofen et du P. David. Il convient aussi de ne pas confondre la formation jaune avec le terrain alluvial. Celui-ci étant composé d'éléments arables et fécondants, tandis que les atterrissements du grand fleuve (le fleuve Jaune) ne sont que des dépôts arénacées presque absolument infertiles.

Nous admettrons donc, dans l'état actuel des données géologiques, que la plaine du nord de la Chine est un terrain d'alluvion, offrant de légères ondulations arénacées et une mince couche arable due aux grandes inondations du fleuve Jaune. Aussi la fertilité des environs de Pékin, situé à l'extrémité septentrionale de cette plaine, a été de tout temps regardée comme très-médiocre, et l'on s'étonnerait du choix de ce lieu pour capitale, si l'historien n'en trouvait la raison dans des considérations politiques sur lesquelles je ne m'étendrai pas ici.

Depuis longtemps déjà les forêts de la Chine disparaissent, mais c'est dans la région qui nous occupe que ce triste état de choses frappe surtout. La monotonie des sites n'est guère rompue que par quelques bouquets d'arbres servant de clôtures et d'ornement aux sépultures éparses au milieu des campagnes : car les cimetières sont rares en Chine, ou plutôt tout le sol est un immense cimetière ; et quand le voyageur se promène au printemps, ses regards rencontrent de tous côtés de petits tertres gazonnés qui ne sont autre chose que des tombes. Le propriétaire d'un champ inhume les siens dans ce champ ; le pauvre, sur le bord des chemins. Mais on creuse à peine : le cercueil est déposé sur le sol, puis recouvert d'une pyramide de terre plus ou moins importante et élevée suivant le rang du défunt, mais toujours la charrue passe à côté de la sépulture en la respectant. Or, il est évident que c'est là une cause de raréfaction progressive du sol cultivable ; et, bien que le temps finisse par livrer au

vent la poussière des morts, il agit moins vite que le mouve-
ment toujours croissant de la population ; car la Chine est
une nation chez laquelle (par un phénomène contradictoire)
la décadence sociale et politique, les guerres intestines pério-
diques et tous les fléaux qui déciment, n'entraînent pas cependant ce qu'on a appelé la dégénérescence numérique, tant
est grande la puissance prolifique chez la race jaune.

Ce n'est guère qu'au sud de la Grande Plaine qu'on rencontre quelques coquilles marines, dont les principales sont le
Cerithium, le *Buccinium* et une *Anodonte* de grande dimen-
sion.

.Aux environs de Tien-tsin, on trouve quelques espèces fos-
siles ; près de Pékin, je n'ai vu que des espèces fluviales et
aussi quelques variétés nouvelles, intéressantes et tout à fait
microscopiques, fort répandues dans la poussière de Pékin et
des environs. Il est probable que sous la couche arénacée et
d'humus due aux dépôts successifs du Pei-ho et du Houan-ko,
on rencontrerait les mêmes espèces marines que dans les
points les plus rapprochés du Yan-tze-kiang qu'on peut con-
sidérer comme la limite méridionale de la Grande Plaine.

A l'ouest et au nord, Pékin est cerné par un vaste amphi-
théâtre de montagnes. Ce sont elles qui servent d'assises à la
grande muraille ; les contre-forts de la chaîne s'avancent
jusqu'à quelques kilomètres de Pékin : leur nature essentiel-
lement volcanique explique les tremblements de terre qui ont
si souvent éprouvé la ville et justifié le peu de hauteur des
constructions.

Sur la colline la plus rapprochée s'élève le palais d'été de
l'empereur, splendide résidence où étaient accumulés tant
de trésors artistiques et littéraires que les armées alliées ont
cru devoir détruire, mais qu'elles auraient pu se dispenser de
piller : car détruire est quelquefois une dure nécessité de la
guerre ; piller est toujours sans excuse.

Ces collines, disent les Chinois, étaient autrefois très-boi-
sées ; aujourd'hui elles sont presque dénudées, sauf sur les
points occupés par les temples. Cette assertion des historiens
indigènes est véridique : le témoignage de Marco Polo, fût-il

unique, suffirait pour le prouver. Il est certain que beaucoup de cours d'eau descendant de ces collines sont aujourd'hui desséchés : leur existence est attestée par la grande quantité de ponts et d'arches que l'œil aperçoit de toutes parts et qui sont maintenant sans utilité.

Ainsi, ce qu'on appelle la campagne de Pékin offre un aspect assez pauvre, et les collines, sauf autour des demeures bouddhiques et lamaïques, montrent un ensemble triste et désolé. Quelques Jujubiers sauvages émergent çà et là des immenses blocs de la roche granitique ; on y voit aussi les innombrables trous des mines que, de temps immémorial, les Chinois ont creusées dans les montagnes inépuisables en houille.

En s'avançant plus au nord, le voyageur découvre une végétation moins pauvre. Quelques oasis viennent égayer le paysage : on voit des buissons d'Églantiers, des Lilas ; des arbres fruitiers, Pêchers, Abricotiers, Pruniers, apparaissent ; les espèces aromatiques, l'Artémise surtout, se multiplient. Les ruches à miel affectent des formes variées et sont quelquefois construites avec un vieux tronc d'arbre. Le miel en est excellent ; on le vend à Pékin, mais il est moins bon : je me suis aperçu qu'on le mélange de farine, car les Chinois savent, tout comme nous, falsifier les matières alimentaires ; mais il est juste de reconnaître qu'ils n'emploient jamais d'ingrédients nuisibles à la santé. C'est fort heureux, car la police sanitaire n'existe pas chez eux : ils semblent ne relever en cela que de leur conscience. C'est ainsi que la viande de cheval et de mulet a été de tout temps utilisée chez eux, et je n'ai jamais entendu parler d'accidents, bien que tout animal soit abattu et débité sans contrôle.

La plupart des temples et des sépultures avaient jadis une splendeur dont il ne reste plus guère de traces aujourd'hui. C'est, disais-je, autour d'eux qu'on voit souvent de beaux arbres dont les espèces dominantes sont le Genévrier, le Pin blanc, le Sophora, le *Thuia*, le *Salisburia adiantifolia*, le Noyer, le Chêne à larges feuilles et l'Ailante. Ce dernier est connu aussi sous le nom impropre de Vernis du Japon, car il est originaire de Chine. Il comprend deux espèces dont j'ai à dire quelques mots. L'une est très-bien acclimatée et répandue chez nous, peut-être même abusivement. C'est, si je ne me trompe, l'essence la plus rustique ; c'est une qualité, mais son grand défaut, c'est de tracer prodigieusement et de devenir un voisin fort incommode pour les jardins et les champs. On plante un Ailante quelque part, l'année suivante on voit ses rejetons surgir de partout. Quant à sa rusticité, on coupe aussi négligemment qu'on veut une branche ; on l'enfonce tout bonnement dans le sol, et elle pousse rapidement.

On ne devrait donc le planter que le long des promenades et des boulevards, ou dans les terrains des magnaneries; car il constitue la précieuse et facile nourriture du Ver à soie qui porte son nom et dont on s'occupe tant, depuis que le Bombyx du Mûrier, devenu chroniquement malade, rend la France tributaire de plusieurs millions par an pour l'importation des graines de Chine et du Japon.

Cet Ailante a en outre le désagrément de donner une fleur qui répand une odeur nauséabonde; mais, limité aux usages que je signalais tout à l'heure, il rachète heureusement ses défauts par sa rusticité et la beauté de son feuillage.

La deuxième espèce, à peine connue chez nous, ne trace pas autant et sa fleur est d'un parfum agréable. Les Chinois sont très-friands de la jeune feuille. Lorsqu'on se promène au printemps, on est étonné de voir l'Ailante nu et dépouillé, tandis que les autres arbres ont tout leur feuillage; on croit aux ravages d'un insecte, il n'en est rien : ce sont les Chinois qui ont moissonné les jeunes pousses. Le fait est que j'en ai mangé en salade, et que je les ai trouvées bonnes.

Cet arbre fournit aussi à la pharmacopée chinoise une racine contenant un principe astringent fort apprécié des Chinois et qui m'a rendu des services réels.

Le Bambou croît jusqu'au nord de la Chine, je veux dire jusqu'aux dernières pentes méridionales de la chaîne mongolienne, mais il est toujours abrité contre les vents froids, auxquels il ne pourrait résister.

Passé le 38e degré de latitude, sa culture libre n'est plus

possible. Encore, dans ces conditions, ne peut-il arriver qu'à une faible croissance, suffisante à son rôle de plante ornementale, mais insuffisante aux sérieux usages de l'industrie indigène, à laquelle il rend de si importants services. Cependant les Chinois utilisent ce Bambou du nord ; ils juxtaposent dans le sens horizontal une série de tiges, et ils font ainsi des voiles pour les bateaux ; ils l'emploient encore à mille autres usages d'ordre secondaire sur lesquels je ne dois pas m'arrêter ici.

J'insiste un peu sur cette plante si intéressante, parce que je sais les efforts que l'on fait en France pour l'acclimater : les succès obtenus sont déjà considérables, et ils ne sauraient être trop encouragés ; mais je saisis cette occasion pour rappeler que, si les envois que j'ai faits de Pékin n'ont pu arriver sains et saufs au Jardin d'acclimatation, il n'y a guère à le regretter au point de vue pratique. La Société désirait avoir des espèces du nord, dans la pensée que ces espèces seraient assez rustiques pour pouvoir être essayées dans le nord de la France. Or, je crois que le Bambou, qui pousse si bien dans le midi, peut être transporté partout en France, à condition qu'on n'exigera de lui qu'un développement en rapport avec la température du milieu ambiant.

Ainsi, le Bambou du nord de la Chine ne se rencontre que comme plante ornementale, et s'il n'est protégé par des clôtures et bien abrité des vents, il dépérit et meurt.

Presque toutes les variétés de céréales sont représentées dans la région que nous étudions : le Sorgho, le Maïs et le Millet dominent ; le Blé est rare. Les Chinois donnent un soin tout particulier.

On croit assez communément que le riz est l'aliment le plus ordinaire des Chinois ; ce n'est pas exact. Dans le sud, sa culture est si répandue, que chacun, riches et pauvres, peut en user. Mais, dans les provinces du nord, on ne peut le cultiver partout ; il est presque un aliment de luxe ; il coûte plus cher, puisqu'il est acheté au loin. Les riches ne s'en privent pas, mais les pauvres n'en mangent qu'accidentellement. C'est donc au millet qu'ils ont recours, et l'on ne doit pas les plaindre, car l'analyse a démontré qu'il est plus nourrissant que le riz.

Au point de vue agronomique, il existe, comme on sait, deux grandes classes de riz : le blanc, qui ne vient que dans l'eau; — le sec ou riz des montagnes, appelé riz impérial en souvenir de l'empereur Cang-hi, qui l'a découvert et propagé. C'est le seul qu'on trouve au nord de la grande muraille. Son goût est agréable, son grain est un peu rosé et plus allongé que celui du riz blanc. Je n'insiste pas davantage sur ces points si connus; je veux cependant essayer d'élucider une question qui n'est pas sans intérêt.

Le P. Grosier dit, dans son ouvrage, qu'il existe un riz blanc et un riz rouge. Il donne ainsi à croire que ce sont deux espèces naturelles distinctes. J'ai recherché ce riz rouge, et j'ai pu en effet trouver dans le commerce des grains d'un rouge plus ou moins brun, jamais bien uniformes de couleur, ce qui déjà me faisait suspecter l'importance naturelle spécifique de cette couleur. D'autre part, la saveur du grain est à peu près la même que celle du riz blanc. Bref, nous en avons conclu qu'il ne s'agit là que d'une coloration due à un commencement de fermentation. Aussi, commercialement, le riz rouge est inférieur au riz blanc; il coûte moins cher et on ne le voit jamais sur la table des riches. Je me suis demandé s'il n'y avait pas là une altération comparable à l'ergotisme, mais les Chinois ne se sont jamais aperçus d'accidents appréciables. Il s'agit donc là d'un simple changement moléculaire ne conférant aucune propriété toxique, et conséquemment sans importance hygiénique.

Les rizières se rencontrent surtout au nord de Pékin, parce qu'elles se trouvent là sur le parcours des rivières et des ruisseaux sortant des montagnes. Il semblerait que les grandes chaleurs de l'été doivent donner naissance aux miasmes des marais. Cependant l'endémie paludéenne n'existe pas, au moins d'une façon appréciable.

Un mot encore à propos du riz :

On l'a aussi divisé en riz ordinaire et riz glutineux. Le premier est le seul qui soit exporté : il est d'autant meilleur qu'il se cuit plus aisément et sans se réduire en bouillie ; l'autre, le glutineux, a été appelé ainsi parce qu'à une certaine cuisson, les graines s'agglomèrent et forment une sorte de purée désagréable. C'est ce que le mot glutineux exprime, et il serait peut-être plus juste d'y substituer le mot gélatineux, car l'expression glutineux donne l'idée de gluten, et peut faire croire que ce riz en renferme plus que l'autre, tandis qu'il n'en est rien. Mais les Chinois utilisent cette propriété agglutinative, et ils en font un pain qu'ils mélangent plus ou moins de farine de blé et de maïs.

Le Sorgho est très-répandu dans cette région. Il y en a plusieurs espèces ; la principale est celle que les Chinois appellent le *Kao-lean*. Il atteint jusqu'à 3 mètres de hauteur. Sa graine donne un alcool. Elle est la principale nourriture du cheval et du mulet. Sa tige succulente sert aussi de paille comestible aux animaux, et pendant l'hiver de combustible aux pauvres.

Bien que la Pomme de terre ait été introduite en Chine depuis le commencement du siècle, elle n'a pas jusqu'ici fait de sensibles progrès. Dans les provinces du sud, les étrangers s'en occupent, dans leur intérêt tout au moins. Dans celles du centre, les missionnaires trouvent en elle une ressource très-précieuse, et peu à peu les habitants s'y accoutument ; ils l'appellent la Patate des musulmans, parce qu'ils la croient apportée par eux, et, comme on sait, le nombre des musulmans s'accroît chaque jour en Chine. Probablement, s'ils savaient que ce sont les Européens qui l'ont apportée, ils se montreraient plus indifférents pour elle. Car, d'une manière générale, on peut dire que, à priori et systématiquement, tout Chinois répugne à ce qui lui vient d'Occident. Bien que je ne veuille pas justifier une disposition d'esprit national qui a jusqu'ici empêché et empêchera peut-être toujours ce peuple d'entrer de bonne volonté dans le concert des autres nations, je dois pourtant reconnaître qu'il a quelques raisons, non décisives, mais au moins discutables, d'agir ainsi. Je laisse cette grave question étrangère à mon sujet, mais je fournirai un exemple frappant de ce sentiment d'opposition. La vaccine commence à se répandre parmi la société chinoise, mais que d'efforts il a fallu et il faudra encore pour la faire définitivement accepter.

Dans les campagnes, lorsqu'un mandarin intelligent et convaincu veut s'en occuper, il est obligé de cacher l'origine étrangère de cette pratique : il publie que c'est une découverte impériale, et, grâce à ce stratagème, ces braves Chinois laissent là leur antique, insuffisante et souvent dangereuse inoculation, et prennent la vaccine.

Un autre exemple relatif au raisin, dont je parlerai plus loin. La variété à jus noir fut introduite par les premiers missionnaires. Eh bien! il n'en existe plus. Quant à moi, je n'en ai trouvé que dans un seul endroit, c'est dans le jardin du cimetière catholique où reposent les cendres respectées par les Chinois de ces savants illustres qui étaient venus leur apporter tant de bienfaits aujourd'hui effacés.

Je reviens à la Pomme de terre, qui se propage dans le sud avec assez de rapidité; mais dans le nord, et notamment aux environs de Pékin, les Chinois ne la cultivent pas. Il y a bien quelques jardiniers qui s'en occupent, mais c'est pour les vendre aux Européens qui résident à Pékin, et dont ils en reçoivent un prix très-rémunérateur. La preuve, c'est que je n'en ai jamais vu sur les marchés de la ville. La population consomme une grande quantité de patates et d'ignames.

La Patate est, depuis plusieurs années, acclimatée en Europe; mais il ne semble pas qu'elle ait encore fait une concurrence sérieuse à notre Solanée.

J'en dirai autant de l'Igname, et j'ajouterai qu'elle n'est pas cultivée (je crois) comme elle devrait l'être. Je connais plusieurs personnes qui s'en sont occupées et ont fini par y renoncer. Je suppose que leur insuccès tient à ce qu'on donne à l'Igname des terrains préparés comme pour la Pomme de terre, c'est-à-dire des terrains secs. Il lui faut au contraire des terrains humides, facilement perméables, car sa racine est pivotante, et si elle est gênée dans sa direction perpendiculaire, elle souffre et s'arrête dans son développement. Sans que l'Igname et la Patate puissent prétendre détrôner notre Solanée, elles peuvent lui être un utile auxiliaire depuis que la maladie de notre précieux tubercule semble avoir revêtu un caractère chronique.

Les Chinois ne se plaignent pas de la maladie de l'Igname et de la Patate. Elles sont faciles à cultiver et poussent à peu près partout.

Autour des villes, les potagers sont entretenus avec un soin extrême et irrigués par des procédés ingénieux et simples. Sous ce rapport également, les progrès de l'industrie étrangère ne sollicitent pas le Chinois : il regarde avec indifférence, sinon avec dédain, nos inventions et nos machines, et demeure immobile et comme stéréotypé dans sa civilisation tant de fois séculaire.

Et s'il fabrique des vaisseaux, des canons, des fusils, de la poudre, d'après les procédés et avec des ingénieurs européens, c'est qu'il ne s'avoue pas vaincu et songe à recommencer la lutte.

Les potagers, disais-je, sont bien aménagés. Les Légumineuses de toutes sortes abondent, ainsi qu'une variété infinie de Cucurbitacées. — L'Aubergine atteint des dimensions inconnues chez nous.

Leur espèce de Choux est également bonne pour la cuisson et pour la salade.

Leurs Radis, Navets, Carottes, sont beaux d'aspect, mais moins savoureux que les nôtres. Ils font fermenter leurs navets dans un liquide acidulé et s'en servent comme d'un condiment pour relever leur millet et leur riz.

On peut dire, d'une manière générale, que tous les légumes chinois, au moins ceux du nord, sont moins délicats que les nôtres. Je n'en rechercherai pas ici les causes, je serais entraîné trop loin. Je tiens seulement à affirmer le fait connu de tous ceux qui résident en Chine. D'autre part, toutes les graines apportées d'Europe, quelques précautions qu'on ait prises à les choisir et à les transporter, ne donnent que des produits inférieurs à la première récolte et dégénèrent ensuite, au point de décourager et de faire abandonner des tentatives nouvelles. C'est ce qui est arrivé à l'abbé David, qui, pendant plusieurs années, a fait des essais infructueux. On peut faire à peu près les mêmes remarques à propos des fruits.

Puisque vous avez bien voulu prêter votre attention à la lecture de ces notes sur la végétation dans le nord de la Chine, je viens la terminer aujourd'hui en la reprenant au point où je l'ai interrompue, c'est-à-dire à la question des fruits.

Du Halde a avancé que les Chinois n'entendent rien à l'arboriculture. Son opinion est difficile à concilier avec le jugement du P. Grosier, qui les prétend fort experts dans cet art.

On sait que ces deux auteurs, qui ont écrit les deux ouvrages les plus complets sur la Chine (dans notre pays, bien entendu), n'y ont été ni l'un ni l'autre, car du Halde n'a fait que rassembler les travaux des missionnaires, et le P. Grosier n'est que l'éditeur des œuvres du P. de Mailla. — Comme les éloges l'emportent de beaucoup sur le blâme dans l'ouvrage de du Halde, son jugement doit sembler, à priori, impartial.

D'autre part, à l'époque où écrivait le P. Grosier, cent ans plus tard, l'étoile des missions catholiques avait déjà bien pâli, et rien que pour ce fait le jugement de notre auteur est peut-être entaché d'exagération.

Dira-t-on que du P. du Halde au P. Grosier il y a eu progrès? Nous en doutons et serions tenté de croire le contraire. Mais laissons de côté cette critique rétrospective et ne considérons que ce qui existe actuellement. Quant à moi, je m'en rapporte au jugement du P. David, si compétent et si autorisé dans toutes les matières, car il s'appuie sur des observations personnelles directes et contemporaines.

Les Chinois, dit cet intrépide voyageur, ce savant naturaliste, négligent l'arboriculture. S'il en est ainsi, nous n'avons donc rien à apprendre d'eux, nous qui faisons tant de progrès dans cet art. Il est certain que les Chinois ont de tout temps connu la greffe, mais ils ne l'ont jamais perfectionnée ; ils font encore aujourd'hui ce qu'ils faisaient il y a mille ans. C'est, pour ainsi dire, la nature qui a spontanément et progressivement amélioré les espèces de fruits, rares il est vrai, dont la saveur se rapproche de celle des fruits de nos contrées. C'est à peine si l'on peut trouver à Pékin une qualité de Poire comparable à nos qualités moyennes. Elles sont presque toutes petites, granuleuses, astringentes ou à peine sucrées. Peut-être doit-on faire une exception pour une espèce qui, par sa forme, ressemble plutôt à une pomme, et qui est très-estimée des Chinois et même prisée par les Européens, faute de mieux, bien entendu.

La Cerise n'existe pas, à moins qu'on ne veuille donner ce nom à un microscopique noyau immédiatement revêtu d'une pellicule acide ; c'est, en un mot, le fruit à l'état sauvage et n'ayant jamais été greffé.

La Fraise n'existe pas, et non-seulement dans la région qui nous occupe, mais nulle part en Chine, excepté, bien entendu, dans les points occupés par les Européens.

Elle est remplacée par une baie que nous connaissons sous le nom de *Myrica sapida*, qui est un peu acidulée, et qui, confite et glacée, est assez délicate. — Les Chinois sont très-friands de la baie du Mûrier.

Les Pêches sont certainement le meilleur des fruits chinois et, sans les égaler, rappellent d'assez près les nôtres. Elles ont une forme assez spéciale que vous avez tous pu remarquer sur les dessins qui ornent les objets d'art chinois, où elles sont plus fréquemment représentées, car le Pêcher est l'arbre sacré sous lequel s'échangent les serments d'amour. Elles sont moins sphériques que les nôtres, plus grosses, plus ovoïdes, et terminées à chaque extrémité du grand axe par deux mamelons pointus. Leur sillon n'est pas aussi profond que chez les nôtres.

On trouve une variété d'Abricots assez gros, mais moins bons que les nôtres, sauf peut-être une espèce exclusivement cultivée à Tan-chan, à 10 kilomètres au nord de Pékin, dans une propriété impériale, et qu'on ne sert alors qu'au palais. Je n'ai jamais pu rencontrer une Prune même passable.

Le fruit du Jujubier est très-répandu. On le mange à l'état frais ; on le fait sécher comme chez nous, pour le transformer

en une sorte de pruneau ; on le fait cuire et on le sert comme
mets sucré.

Un des fruits les plus répandus est le *Diospyros kaki*. Je
pense qu'il vaudrait la peine qu'on cherchât à l'acclimater
chez nous ; ce qui ne serait pas bien difficile, puisqu'il croît
sous toutes les latitudes. Il est vrai que les meilleures espèces
sont celles du sud, et au-dessus d'elles, à notre avis, celles
que nous avons goûtées dans tout le Japon.

C'est, à proprement parler, la Figue des Chinois. Quand il
est sec, il a la forme d'un disque ; les Chinois en réunissent un
certain nombre et en font une sorte de chapelet. C'est une
précieuse conserve pour ceux qui voyagent, car il est très-
sucré. A l'état frais, il rappelle assez bien une orange, dont il
a la couleur et la grosseur variable comme celle de l'orange
elle-même. Au lieu d'être une sphère régulière, il se compose de
deux demi-sphères de rayon inégal, superposées de manière que
la plus petite soit supérieure, et détermine ainsi une sorte de
rayon équatorial. La peau est lisse et mince ; sa chair est à
peu près celle de la prune. On cueille ce fruit quand il est encore vert, et, comme l'orange, il mûrit lentement. Pour hâter
sa maturité, les Chinois le plongent dans l'eau bouillante. On
le désigne en chinois par le nom de *Chi-ze*.

Je passe sous silence une grande quantité de fruits indigènes dont se servent les Chinois, mais qui ne valent certainement pas la peine d'être mentionnés et surtout proposés
à l'attention de ceux qui s'occupent d'acclimatation.

Je ne dois pas insister non plus sur le raisin, si ce n'est
pour rappeler quelques particularités qui ne sont pas sans
intérêt.

J'ai déjà dit plus haut que la variété à jus noir n'existe pas.
Celle à enveloppe noire et à jus blanc y est même très-rare.
La première, apportée par les missionnaires, a été tout à fait
délaissée par les Chinois, pour qui elle ne pouvait du reste
avoir un grand intérêt, puisqu'ils ne font pas de vin du raisin.

Les Chinois prétendent qu'autrefois, tout autour de Pékin,
il y avait beaucoup de Vignes. Nous ne le contesterons pas ;
mais il est certain qu'aujourd'hui il n'y en a presque plus.

Ce qui est également certain, c'est que la Vigne n'a jamais été cultivée à l'état de cépages. Elle se présente sous forme de treille se ramifiant le long de tiges de bambou, qui imitent des charmilles ou des tonnelles plus ou moins artistement disposées.

L'hiver venu, comme elles ne pourraient y résister, elles sont élaguées, couchées par terre, puis ramassées sous le plus petit volume possible, enfin recouvertes d'une couche suffisante de terre pour n'être pas atteintes par la gelée.

Sans oser l'affirmer, je crois que la maladie de la Vigne n'est pas connue des Chinois. Toutes mes recherches sur ce point ont été négatives. Les Chinois prétendent aussi que très-anciennement il se faisait chez eux du vin de raisin. On peut affirmer qu'ils n'en font plus de nos jours. Leur liqueur la plus usuelle est le vin de riz glutineux fermenté, auquel ils mélangent une certaine dose de poivre, afin, disent-ils, de lui donner plus de montant. Cette addition de poivre fait que ce vin agit beaucoup sur les organes rénaux ; aussi les étrangers qui en usent, et les missionnaires, qui n'ont guère que cette ressource, s'en trouvent-ils assez mal.

On sait que les Chinois possèdent à un haut degré l'art de la conservation des fruits. J'ai vu souvent servis sur la même table des raisins de la récolte précédente et de la récolte nouvelle sans qu'il fût facile de les distinguer. L'épaisseur de l'enveloppe y est bien pour quelque chose, mais c'est surtout à l'extrême sécheresse d'une grande partie de l'année que cela est dû. Le P. Grosier admet qu'il existe dans l'air une grande quantité de sel de nitre. C'est une hypothèse qui ne nous paraît guère fondée. La sécheresse de l'air et le soin des Chinois suffisent à expliquer ces résultats. Ils tiennent leurs fruits renfermés dans leurs glacières très-ingénieusement construites et très-bien aménagées, et à propos desquelles nous donnerions plus de détails, si le temps nous le permettait.

Ils ont encore d'autres moyens variés et adroits, tels que l'immersion préalable de ces fruits dans des solutions dont la composition nous échappe. Ils se revêtent d'une couche protectrice, sèchent ainsi, et peuvent se conserver plusieurs mois sans s'altérer. Ils usent encore du moyen suivant : ils fixent dans la pulpe de certains légumes, tels que le navet, les queues, soit des grappes de raisin, soit des poires, pommes, etc.

A la latitude où nous sommes, je n'ai pas besoin de dire que les Orangers et les Citronniers ne fleurissent et ne fructifient que dans les serres. Je pourrais ici donner quelques détails sur le mode de confection des serres chinoises ; mais, comme nous n'avons rien à leur envier, je me contenterai de signaler que, sous ce rapport, les Chinois savent très-adroitement les aménager et qu'ils arrivent à des résultats comparables aux nôtres.

Je dirai deux mots d'une espèce de Citron connu sous le nom de *fingered Citro* ou *Main de Bouddha*, parce que les Chinois prétendent que le fruit affecte la forme de la main de ce dieu. Il s'agit simplement là d'un artifice obtenu au moyen de plusieurs fils ou ligatures placés sur le fruit au moment de sa naissance ; ce fruit ainsi étranglé pousse des prolongements, des digitations, où la naïve imagination des Chinois veut voir l'image de la main divine de Bouddha.

Je mentionnerai encore deux espèces de *Citrus* que, sur sa demande, j'ai envoyés à la Société et qui sont aujourd'hui au Jardin d'acclimatation.

L'un est le *Citrus microcarpa*, décrit par Bunge. Dans le sud, où on l'appelle *Kum-quat*, il pousse en plein vent. A Pékin il s'appelle *Kiu-ku*, il ne vient qu'en serre ; son fruit est rond et gros comme une petite prune. L'autre espèce donne un fruit oblong et rappelant, sauf la couleur, celui du Jujubier ; il s'appelle en effet *Kiu-tsao* : ce dernier caractère signifie jujube. Ces deux arbustes donnent une grande quantité de fruits qui mûrissent en janvier ; les feuilles tombent en mars et en avril ; la floraison a lieu en juin et juillet.

Les Chinois en font d'excellentes confitures et un délicieux glacé, car ils ne sont pas seulement de bons cuisiniers, ils sont aussi de très-adroits confiseurs.

Il existe à Pékin des serres où l'on cultive certaines fleurs à l'exclusion de toute autre.

Ainsi, il y a une espèce de Jasminée, l'*Olea fragrans*, dont chaque fleurette vaut plusieurs centimes ; elle sert à parfumer le thé. On vend à Pékin des qualités de thé où ce parfum domine à ce point, qu'on se demande si ce n'est pas plutôt une infusion de jasmin qu'on va déguster. Comme cet *Olea fragrans* coûte fort cher et qu'il n'est cultivé dans le Nord que comme plante d'agrément, les marchands lui substituent une autre Jasminée beaucoup plus commune et dont le nom nous échappe. Sa corolle est bien trois fois large comme celle de notre Jasmin.

Le Camellia est l'objet d'une culture très-répandue.

Je citerai encore comme plantes ornementales très-estimées des Chinois :

Le *Begonia discolor* ;

Le *Zinnia* ;

Le *Pæonia*, dont il existe cinq belles espèces ;

Le Chrysanthème, qui a longtemps servi d'armoiries aux souverains de la Chine et du Japon ;

La Rose trémière ;

La Balsamine ;

Le Grenadier ;

L'Amarante, etc., etc.

Dans les jardins, on voit beaucoup l'*Albizzia julibrissin*. Il donne un beau feuillage et une fleur charmante. Il résiste bien à l'hiver.

Le *Nymphæ nelumbium*, ou *Nelumbium speciosum*, croît dans toutes les pièces d'eau dont on orne les jardins. C'est certainement la fleur la plus goûtée des Chinois. Le dieu Bouddha est toujours représenté reposant sur cette fleur, qui symbolise la vigueur par sa racine, la force expansive par ses larges feuilles, l'esprit souverain par son odeur, l'amour par son éclat. La graine du fruit est préparée comme mets sucré fort agréable.

Il y a quatre ans à peine, il était impossible de trouver dans cette partie de la Chine le plus modeste champ de Pavots. Aujourd'hui sa culture s'est étendue non-seulement au Tcheli, c'est-à-dire à la province dont Pékin occupe le centre, mais encore à la Mongolie et à la Mandchourie ; de telle sorte que ces régions, d'une médiocre fertilité, sont devenues tributaires d'une culture dont les Chinois font le triste usage que l'on connaît. A ce sujet, je ne puis m'expliquer pourquoi il n'est fait aucune indication de cette culture dans le travail et sur la carte qu'on trouve publiés au *Bulletin de la Société de géographie* (numéro de décembre dernier), et travail intitulé *l'Agriculture en Chine*, avec une carte agricole, qui sont dus à M. Simon.

Dans notre récent travail sur l'*Opium en Chine*, nous relatons le fait suivant et nous nous exprimons ainsi : « La culture de l'opium s'est étendue aux provinces du Yunan, Set-Chuen, Kouitchou, Houan, Houpe, Kiansi, Shanton, Shansi, Shensi, Kansou. »

Le territoire de l'empire comprenant dix-huit provinces, c'est donc plus de la moitié déjà envahie ; et en y ajoutant le Tcheli et la Mandchourie, on peut dire que la culture du Pavot est devenue générale et pour ainsi dire nationale. C'est incontestablement une triste vérité, mais c'est une vérité, et quelque sinophile qu'on soit, il importe à l'intérêt scientifique qu'elle ne soit pas plus négligée que les vérités aimables.

Que dirais-je de la faune qui puisse intéresser la Société, surtout lorsque nous voyons l'auteur du travail que nous citions il y a un instant signaler l'absence ou l'insuffisance des animaux, si rares, qu'on peut préjuger, dit-il, que bien peu d'entre eux seraient utiles à la boucherie ? de sorte que l'auteur se demande s'il ne conviendrait pas qu'on s'occupât de cette question au point de vue de l'importation ?

Je ne m'arrêterai donc pas à redire tout ce qui a été fait sur la faune de cette région par notre savant abbé David, et dont on trouve l'exposé dans les diverses monographies qui font partie de la collection des *Nouvelles Archives du Muséum*.

A part une espèce de Faisan argenté, aujourd'hui parfaitement acclimaté chez nous ; à part le beau Cerf auquel on a donné le nom d'*Elaphurus Davidianus*, et qui ne saurait guère

intéresser l'acclimatation ; à part enfin quelques espèces d'Oiseaux fort curieux pour l'histoire naturelle, l'abbé David considère la faune du nord de la Chine comme à peu près aussi pauvre que la flore, et il serait superflu d'insister sur la concordance et la relation qui existent entre ces deux ordres de phénomènes.

Je me résume en quelques lignes :

1° La plaine du nord de la Chine forme à peu près la douzième partie du territoire de l'empire.

2° C'est un sol d'alluvion de l'espèce de ceux dont la fertilité est médiocre, parce qu'il est spécialement dû aux dépôts successifs des inondations du fleuve Jaune, eux-mêmes constitués par des couches arénacées mélangées d'une faible partie d'humus ou terre arable.

3° Cette fertilité a encore décru depuis que le déboisement a commencé, sans que le gouvernement, dont la faiblesse augmente chaque jour, puisse y porter remède.

4° Les Chinois tirent un aussi bon parti que possible des conditions actuelles de ce sol au point de vue de l'agriculture. L'engrais humain qu'ils préparent avec une patience considérable leur rend de grands services.

5° Il est regrettable que ce sol si ingrat soit devenu tributaire d'une culture qui l'amoindrit encore, l'opium.

6° Au point de vue des sujets qui peuvent intéresser directement et sérieusement la Société, je ne crois pas que cette partie de la Chine soit susceptible d'appeler les sacrifices et les efforts. Telle est l'opinion du savant dont le nom s'est si souvent trouvé sous notre plume et dont la Société reconnaît la haute compétence.

En terminant, permettez-moi, messieurs, de présenter les considérations suivantes :

On voit, dans les représentations artistiques de ce peuple, des scènes où toute la nature se trouve pour ainsi dire condensée.

Ces représentations semblent, au premier abord, appartenir au domaine de la fantaisie.

Mais elles sont vraies. Ce peuple est certainement le créateur de l'art des jardins : à force de patience, ils obtiennent partout où ils veulent les plantes les plus rebelles ; ils imitent les rochers, les lacs, les rivières, les montagnes.

Le culte de la vie de famille les porte à consacrer toute leur énergie, tout leur argent, tous leurs soins à ce luxe en miniature. Un jardin, si resserré qu'il soit, pourra contenir presque toutes les espèces d'arbres fruitiers et forestiers ; ils les rapetisseront suivant les exigences et l'exiguïté du lieu ; mais ils finissent toujours par obtenir ce résultat, et, si l'étranger reste indifférent devant cette nature rabougrie, arrêtée dans son développement, il pourra au moins en extraire la pensée morale qui a créé ces chefs-d'œuvre d'une patience infinie.

Il y verra l'un des nombreux témoignages d'une civilisation complète, si différente qu'elle soit de la nôtre.

Si, d'autre part, il constate les symptômes d'une désuétude malheureusement incontestable, il pourra, interrogeant l'histoire des temps les plus rapprochés, se demander ce que l'intervention des nations européennes a produit d'efficace pour éclairer et secourir ce peuple intéressant et auquel nous devons tant de choses.

Il apercevra alors que, sans doute, les nations européennes ont toujours été animées d'intentions excellentes, mais qu'elles ont été trop souvent aussi mal inspirées dans le choix des moyens dont les nations supérieures ont le droit de faire usage à l'égard de celles qu'elles considèrent comme moins civilisées qu'elles.

Les relations internationales ont fondé une doctrine que la morale et la saine philosophie sanctionnent.

L'industrie, le commerce, l'initiation pacifiquement consentie, sont seuls capables de les créer et de les féconder. Mais toute ingérence d'un autre ordre devient un abus et rend l'effort stérile, si les moyens coercitifs en sont les instruments.

Paris. — Imprimerie de E. MARTINET, rue Mignon, 2.